ANIMALES DEL MAR

ESCRITO POR JOY BREWSTER
ADAPTADO POR DELZA PEREIRA

Tabla de contenido

La vida en el océano

¿Sabías que los océanos cubren casi las tres cuartas partes de la superficie de nuestro planeta? Estos océanos varían, desde las aguas tropicales hasta los mares árticos, y todos son el hogar de una gran variedad de seres vivos.

En todas las zonas del océano viven animales marinos únicos, desde el minúsculo **plancton** hasta la ballena azul, el animal más grande del mundo. Muchas de estas especies tienen muchos colores y son muy raras, como algunos **peces** que dan luz en la oscuridad o el misterioso calamar gigante, que nunca nadie ha visto vivo.

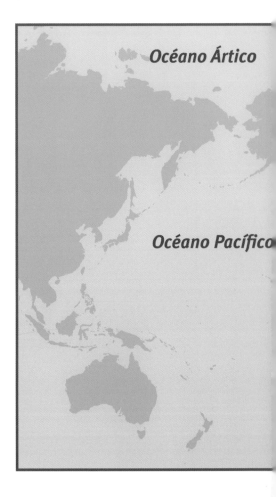

Océano Ártico

Océano Pacífico

ballena azul

erizo de mar

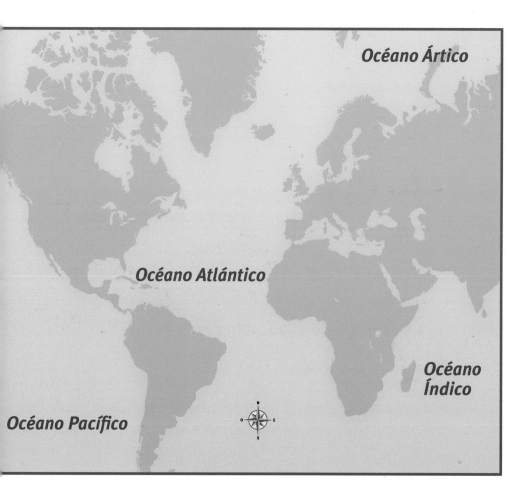

Océano Ártico

Océano Atlántico

Océano Índico

Océano Pacífico

calamar gigante

LAS CRIATURAS MÁS PEQUEÑAS DEL OCÉANO

"Plancton" es el nombre que se da a un conjunto de plantas y animales microscópicos que flotan en el mar. Estas pequeñísimas plantas y animales son muy importantes en la cadena de alimentos. Casi todas las criaturas marinas dependen del plancton para sobrevivir.

↑ **Estos delfines saltan en el mar.**

Imagínate que te zambulles en las profundidades del mar. A medida que bajas unas seis millas desde la superficie hasta el fondo, pasas por diferentes niveles. Notas cambios en la cantidad de luz, la temperatura y la presión. Cuanto más profundo bajas, el agua se pone más oscura y fría y la presión aumenta. Cada nivel representa un hábitat único donde viven diferentes tipos de animales. Los científicos llaman "zonas" a estos niveles del océano. Las tres zonas principales son la **zona de luz solar,** la **zona crepuscular** y la **zona de medianoche**.

La mayoría de los animales marinos viven en la zona de luz solar porque pueden alimentarse de las plantas que crecen allí. Ésta es la única zona que recibe suficiente luz solar para que pueda desarrollarse la vida vegetal o de plantas.

En la oscura zona crepuscular viven animales pequeños. Los que viven en esta zona deben cazar otros animales o comer plantas y animales muertos que caen desde arriba.

En la zona de medianoche, donde la oscuridad es total, las aguas están casi congeladas y la presión del agua es inmensa, viven algunas de las criaturas más raras del planeta. En estas profundidades hay pasajes calientes que son grietas en el fondo del mar de las que salen chorros de agua increíblemente caliente mezclada con minerales. Cerca de estos pasajes viven unos grandes animales parecidos a los gusanos llamados gusanos tubulares. Los gusanos tubulares se alimentan de unas bacterias que viven dentro de sus cuerpos. Las bacterias, a cambio, sobreviven gracias al calor y a los minerales.

El delfín es uno de los animales que habitan la zona de luz solar. Es un **mamífero** inteligente y amistoso, que depende principalmente de su gran sentido del oído para orientarse. ¡Y puede dar saltos de hasta treinta pies en el aire!

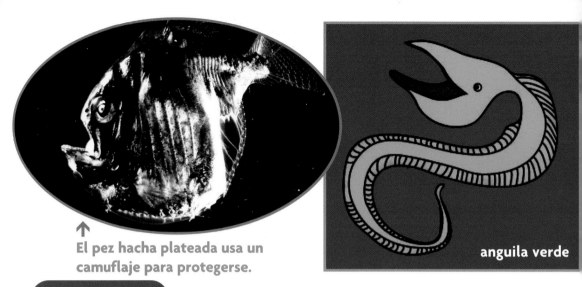

↑ El pez hacha plateada usa un camuflaje para protegerse.

anguila verde

✚ ✖ ➖ ✚

¡RESUÉLVELO!

1 Si una pulgada equivale a 2.54 centímetros, ¿aproximadamente cuántos centímetros de largo mide un pez hacha?

Una anguila verde disfruta de una abundante comida el 15 de febrero, pero tendrá que esperar dos semanas antes de conseguir otra. Si no es un año bisiesto, ¿en qué fecha comerá?

El pez hacha plateada vive en la zona crepuscular. Tiene grandes ojos que le permiten ver en un ambiente muy oscuro. Como mide apenas tres pulgadas de largo y su cuerpo despide una suave luz azul, este pez es casi invisible.

La anguila verde habita en la zona de medianoche. Tiene una boca enorme y un estómago que se expande, lo que le permite tragar peces y otras criaturas más grandes que él. Debido a que en esta zona viven pocos animales, las criaturas que la habitan no comen muy a menudo. Cuando lo hacen, tienen que ser capaces de comer lo suficiente para sobrevivir muchos días.

¡RESUÉLVELO!

2 ¿Cuál es la zona más grande del océano?

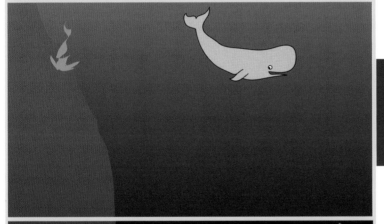

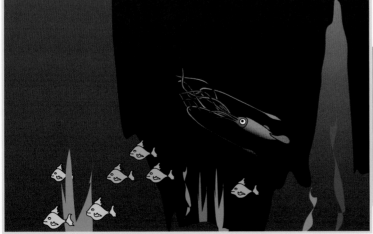

ZONA DE LUZ SOLAR

de 0 a 650 pies
(de 0 a 198 metros)

ZONA CREPUSCULAR

de 650 a 3,300 pies
(de 198 a 1,006 metros)

ZONA DE MEDIANOCHE

de 3,300 a 36,198 pies,
(de 1,006 a 11,033 metros)
el punto más profundo
del fondo del mar

Los peces

En el océano viven más de 13,300 tipos de peces. Tienen formas, tamaños y colores diferentes. ¡Y algunos tienen un talento especial! Aquí hay algunos datos interesantes sobre los peces:

huevo

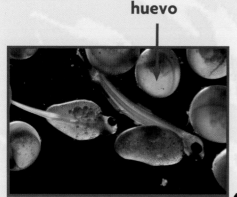

- Todos los peces respiran bajo el agua por medio de agallas.
- Todos los peces tienen aletas para nadar.
- Todos los peces son animales **de sangre fría**, lo cual significa que sus temperaturas dependen de la temperatura del agua que los rodea.
- La mayoría de los peces están cubiertos de escamas.
- La mayoría de los peces tienen esqueletos de hueso.
- La mayoría pone huevos.

escamas

agallas

aletas

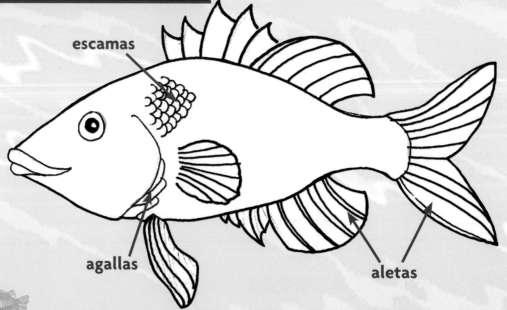

Los peces tienen muchos **depredadores**, como las ballenas, las focas y otros peces, por lo cual necesitan protegerse. Los diferentes tipos de peces se protegen de maneras diferentes.

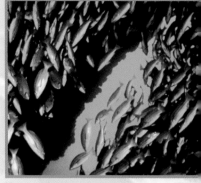

▲ un banco de peces

¡A nadie le extrañaría de dónde sacó su nombre el colorido pez tigre! Estos peces usan sus mortales púas venenosas para defenderse de los depredadores.

▲ pez tigre

El pez erizo también tiene púas. Puede inflar su cuerpo como un globo, a la vez que extiende sus agudas púas. ¡Esto lo defiende de sus depredadores, como los tiburones!

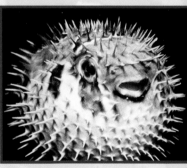

▲ pez erizo

El pez linterna brilla gracias a sus lucecitas. Esta **bioluminiscencia** le sirve para encontrar comida y para confundir a sus presas. La bioluminiscencia es muy común entre las especies que habitan las regiones más profundas y oscuras del mar.

▲ pez linterna

Los peces de cerca: Los tiburones

NOTICIAS IMPORTANTES SOBRE LOS TIBURONES

¿Sabías que los tiburones forman parte de la familia de los peces? Como otros peces, son animales de sangre fría, tienen aletas y respiran a través de agallas. Aquí tienes algunos datos que te sorprenderán sobre los tiburones:

- Los tiburones ya nadaban en los océanos de la Tierra antes de la era de los dinosaurios.

- La mayoría de los tiburones no ponen huevos sino dan luz a crías vivas.

- Los tiburones a menudo cazan en aguas oscuras, de modo que dependen de sus agudos sentidos para encontrar alimento. Pueden oír a animales a 3,000 pies (914 metros) de distancia. Pueden detectar la dirección de donde vienen olores muy débiles y su sentido de la vista es siete veces mejor que el de los humanos.

- Los tiburones no tienen escamas. Su piel, áspera y pinchuda, está cubierta de pequeñas espinas.

- Los tiburones no tienen vejiga natatoria, que es un órgano especial que permite a los peces mantenerse a flote. ¡Si un tiburón dejara de nadar se hundiría!

- Los tiburones pierden constantemente los dientes. Pero cada vez que pierden uno, un nuevo diente lo reemplaza. Algunos tiburones llegan a tener 30,000 dientes a lo largo de toda su vida.

tiburón blanco

tiburón martillo

tiburón moro

tiburón ballena

Hay más de 250 especies de tiburones, desde el gigantesco tiburón ballena, que puede alcanzar los 50 pies (15 metros) de largo, hasta el más pequeño, que mide sólo unas 6 pulgadas de largo.

El tiburón ballena es el tiburón más grande de los mares. Puede pesar hasta 55,000 libras (24,945 kilos), es decir, tanto como un tractor. Dado su gran tamaño, es sorprendente que el tiburón ballena sea un animal tranquilo y se alimente principalmente del pequeño plancton.

➕ ✖ ➖ ➕
¡RESUÉLVELO!

3 Si un tiburón vive 60 años y pierde 30,000 dientes, ¿cuántos dientes pierde en promedio por año?

Algunos tiburones pueden comer hasta el 10% de su peso en un día. A este ritmo, ¿cuánto comerá un tiburón de 250 libras (113 kilos) en una semana?

¿Qué diferencia de tamaño hay entre el tiburón más grande y el más pequeño?

Si un tiburón ballena mide 50 pies (15 metros) de largo y pesa 55,000 libras (24,945 kilos) y su peso estuviera repartido de manera constante, ¿cuánto pesaría un pie de tiburón ballena?

Conozcamos a los mamíferos

↑
La foca de Weddell puede bucear o zambullirse hasta 2,000 pies (610 metros) de profundidad y contener la respiración hasta aproximadamente una hora.

↑
Esta foca del norte nada unas 4,000 millas (6,437 kilómetros) en los viajes migratorios que hace cada año.

Algunos animales marinos, como las ballenas, los delfines y las focas, no son peces. Son capaces de nadar y de cazar en el agua como los peces, pero son mamíferos. Entre los mamíferos también están incluidos los perros, los tigres y los humanos. Aquí hay algunos datos interesantes sobre los mamíferos:

- Los mamíferos tienen pulmones y respiran aire, por lo cual no pueden respirar bajo el agua.
- Los mamíferos son animales **de sangre caliente**, lo que significa que la temperatura de su cuerpo se mantiene igual aunque la temperatura alrededor de ellos cambie.
- Los mamíferos dan a luz a crías vivas y las alimentan con su propia leche.
- Los mamíferos tienen el cuerpo cubierto de pelo.

←
La morsa del Pacífico puede pesar hasta 2,000 libras (907 kilogramos). Normalmente es tímida y pacífica, pero puede ser provocada con facilidad.

¡RESUÉLVELO!

4 Si una foca del norte emigra 20 veces a lo largo de su vida, ¿cuántas millas recorre en total?

Si ves 5 morsas macho y cada una tiene colmillos de 2.5 pies (0.76 metros) de largo, ¿cuántos pies (metros) de colmillos tienen en total? ¡Recuerda que cada morsa tiene dos colmillos!

Hay más de treinta especies de focas y leones marinos, todos ellos mamíferos. La mayoría de las focas se mueven con gracia en el agua pero deben arrastrarse boca abajo en la costa. Sin embargo, los leones marinos usan sus aletas delanteras para arrastrarse rápidamente en tierra firme. ¡Los colmillos de los machos llegan a medir tres pies de largo! El macho que tiene los colmillos más largos es por lo general el líder de la manada. Las morsas hembras dan luz a una única cría cada dos años.

Las focas, los leones marinos y las morsas tienen bajo la piel una gruesa capa de grasa. Esta capa de grasa evita que los animales pierdan el calor de su cuerpo debido al frío del ambiente y contribuye a la forma de sus cuerpos.

Los mamíferos de cerca: Las ballenas

LOS GIGANTES DEL MAR

¿Crees que no te pareces en nada a una ballena? Piensa otra vez. ¡Son mamíferos como nosotros!

Hay dos tipos de ballenas: con barbas y con dientes.

Las ballenas que no tienen dientes tienen unas láminas córneas en la boca llamadas barbas. Les sirven para filtrar o colar el agua y obtener su alimento. Comen pequeños peces y plancton. No todas estas ballenas son grandes, pero algunas alcanzan los 110 pies de largo.

Las ballenas con dientes se alimentan de grandes animales marinos, por lo cual casi siempre son buenas nadadoras y cazadoras. Hay diferentes tipos de ballenas dentadas, con diferentes tipos de dientes. Depende del tipo de alimento que coman. ¡Cuanto más grandes son sus presas, más grandes son los dientes!

Las crías de las ballenas se llaman ballenatos.

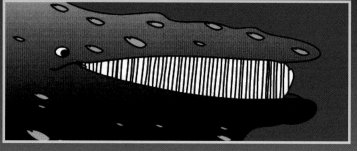

Una ballena con barbas nada a través de un banco de plancton con la boca abierta, empujando el agua a través de sus placas y atrapando el plancton en el interior de las placas.

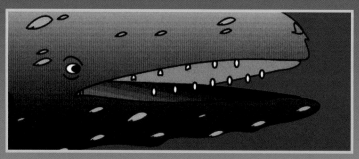

Las ballenas dentadas que comen peces pequeños tienen dientes pequeños. ¿De qué tamaño serán los dientes de una ballena que se alimenta de presas grandes?

¿CUÁNTO MIDEN LAS BALLENAS?

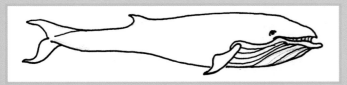

↑
ballena azul:
110 pies
(34 metros)

←
cachalote:
69 pies
(21 metros)

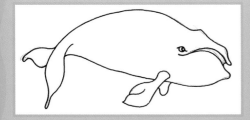

←
ballena franca de
Groenlandia:
65 pies (20 metros)

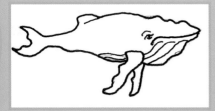

←
ballena jorobada:
62 pies
(19 metros)

←
ballena gris:
50 pies
(15 metros)

←
orca:
32 pies (8 metros)

➕ ✖ ➖ ➕
¡RESUÉLVELO!

5 ¿Qué ballena mide aproximadamente la mitad que la ballena azul?

¿Cuáles son las dos ballenas de tamaño más parecido?

Las ballenas nadan en grupos de treinta, llamados manadas. Si viste 20 manadas, ¿aproximadamente cuántas ballenas viste en total?

Invertebrados increíbles

Nuestro cuerpo se mantiene derecho gracias a los huesos de la columna vertebral. Sin ellos no podríamos estar de pie ni caminar. Muchos animales marinos, como los peces y los mamíferos, también tienen huesos para sostenerse y para poder moverse, pero hay algunos animales, llamados **invertebrados**, que no tienen huesos.

De las extrañas criaturas que viven en el mar, muchas son invertebrados. Al igual que los peces y los mamíferos, los invertebrados tienen muchas formas, tamaños y colores.

Las medusas y las anémonas de mar tienen largos **tentáculos** para atrapar a sus presas. Las medusas pueden nadar, pero generalmente se dejan llevar por las corrientes. Las anémonas de mar parecen coloridas flores pegadas a las rocas.

medusa

anémona de mar

➕ ✖ ➖ ➕
¡RESUÉLVELO!

6 Imagínate que te dedicas a la exploración submarina. Durante una zambullida te encuentras con tres tipos de invertebrados: calamares, estrellas de mar y cangrejos. Si viste 18 tentáculos, 18 pinzas y 63 brazos, ¿cuántos animales de cada tipo te encontraste? (¡No olvides que los calamares también tienen brazos!)

Los pulpos y los calamares se mueven por **propulsión a chorro**, aspirando agua dentro de sus cuerpos y luego expulsándola con fuerza a través de una pequeña abertura. Ambos tienen ocho brazos, pero los calamares además tienen dos largos tentáculos que usan para atrapar a sus presas.

Las langostas y los cangrejos pueden caminar en el fondo del mar. Sus cuerpos son blandos, pero están protegidos de los depredadores por duros caparazones. La mayoría de los cangrejos tienen diez patas, dos de las cuales terminan en grandes pinzas que el cangrejo usa para cazar.

Las estrellas y los erizos de mar tienen la piel espinosa y unas patas tubulares que les permiten caminar por el fondo del mar. Estas extrañas criaturas tienen la boca en la parte de abajo de su cuerpo. Las estrellas de mar comunes tienen cinco brazos, y el cuerpo del erizo de mar está cubierto de afiladas púas para defenderse de sus enemigos.

pulpo

calamar

langosta

cangrejo

estrella de mar

erizo de mar

Los invertebrados de cerca: El calamar gigante

MISTERIOSO MONSTRUO DEL MAR

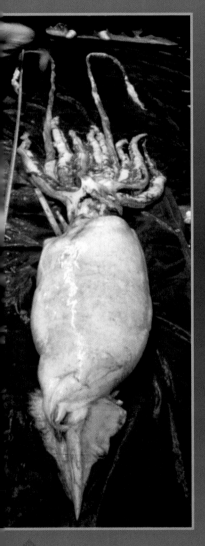

Los científicos estudian este calamar gigante muerto para descubrir los misterios submarinos.

El calamar gigante es uno de los mayores misterios del mundo submarino. Estas enormes criaturas viven en el mar a una profundidad y oscuridad tales que, hasta ahora, nadie ha visto uno vivo. Los científicos han podido reunir cierta información de estos calamares muertos que a veces son arrastrados a la costa por las mareas o aparecen atrapados en las redes de pesca.

Al igual que el calamar común, el calamar gigante es un invertebrado. ¡El invertebrado más grande del planeta! Puede alcanzar los 60 pies (18 metros) de largo y pesar más de 1,000 libras (454 kilogramos). Se alimenta de peces, calamares más pequeños y, a veces, de algunas ballenas.

A pesar de su asombroso tamaño, el calamar gigante tiene depredadores, como el enorme cachalote. Una de sus defensas es expulsar un chorro de tinta en el agua. Cuando la tinta distrae al depredador, el calamar se aleja rápidamente.

¡RESUÉLVELO!

7 El calamar gigante es uno de los animales más veloces del mar. Puede moverse hacia adelante y hacia atrás a una velocidad de 35 millas (56 kilómetros) por hora.

¿Cuántas horas tardaría un calamar gigante en recorrer 175 millas a esa velocidad?

UNA MIRADA EN DETALLE AL CALAMAR GIGANTE

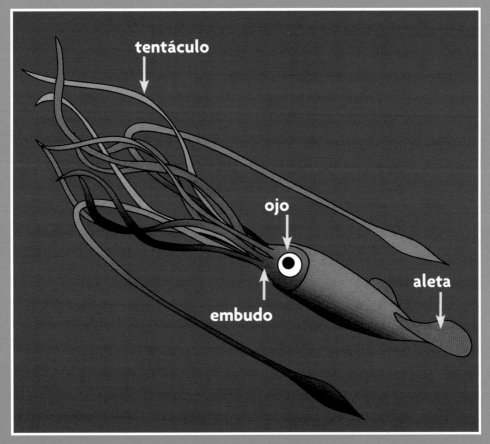

tentáculo

ojo

aleta

embudo

Tentáculos: además de los ocho tentáculos que usa para atrapar y devorar a sus presas, el calamar gigante tiene dos largos brazos que aspiran en los extremos.

Ojos: sus ojos tienen el tamaño aproximado de una cabeza humana, los más grandes de cualquier animal sobre la Tierra.

Embudo: el calamar gigante se mueve expulsando un chorro de agua a presión a través de un embudo, lo que lo propulsa a través del agua.

Aleta: con esta aleta, el calamar gigante mantiene su equilibrio y puede girar su cuerpo.

Reptiles de agua salada

No todos los animales marinos se clasifican como peces, mamíferos o invertebrados. Algunos, como las tortugas y los cocodrilos de agua salada, son **reptiles**. Los reptiles son un grupo de animales que incluye las serpientes, las lagartijas, las tortugas, los caimanes y los cocodrilos, y tienen estas características en común:

- La mayoría de los reptiles están cubiertos de escamas secas.
- Los reptiles tienen pulmones y respiran aire.
- Los reptiles se alimentan de plantas y animales.
- La mayoría de los reptiles ponen huevos para tener crías.
- La mayoría de los reptiles son animales de sangre fría.

Las tortugas ponen huevos, y las tortugas de mar no son la excepción. A pesar de que las tortugas viven en el mar, las hembras salen a la costa por la noche para "anidar", enterrando hasta cien huevos en la arena de la playa. Muchas regresan a la playa donde nacieron para poner sus huevos.

Una hembra puede anidar varias veces al año, pero por lo general esperará otros dos o tres años antes de volver a hacerlo.

↑
huevos y crías de tortuga de mar en la playa

La cría de la tortuga tarda de cincuenta a setenta días en desarrollarse y romper el cascarón. Entonces, por la noche, sale del nido y se dirige hacia el mar junto con otras crías. Durante la noche, las tortuguitas corren menos peligro de deshidratación o de secarse por el sol y están más protegidas de los depredadores.

➕ ✖ ➖ ➕

¡RESUÉLVELO!

8 Si en una playa había 2,000 huevos de tortuga y sólo 200 crías llegan al mar, ¿qué porcentaje de las crías puede sobrevivir?

Los reptiles de cerca: La tortuga laúd

LA TORTUGA MÁS GRANDE DEL MUNDO

La tortuga laúd mide más del doble que cualquier otra tortuga de mar. Estas tortugas también son más grandes que cualquier tortuga terrestre, por lo que son las tortugas más grandes del mundo. ¡Pueden alcanzar los ocho pies de largo y pesar casi 2,000 libras (907 kilogramos)!

Hay siete especies de tortugas de mar. Observa la tabla de la página 23 para comparar los tamaños de la tortuga laúd y de otras especies.

Además de su enorme tamaño, la laúd tiene ciertas características especiales:

- Su caparazón parece hecho de goma dura, sin las escamas que tienen otras tortugas marinas.
- Las laúd tienen mandíbulas débiles, y son adaptadas a su dieta de medusas y otros animales blandos.
- Las laúd son las tortugas más extendidas, y pueden encontrarse hasta en Alaska.
- Las laúd son las tortugas que hacen las más largas migraciones, viajando a veces más de 3,000 millas (4,828 kilómetros) para llegar a sus playas de nacimiento.

¡EN PELIGRO DE EXTINCIÓN!

Todas las especies de tortugas de mar están en peligro de extinción, incluida la laúd. Sus poblaciones continúan disminuyendo por muchas causas:

- Cuando rompen el cascarón y se dirigen al mar, las crías de tortuga se dirigen hacia la luz por instinto. Normalmente, estas luces se forman por el reflejo de la luna en el mar. Pero otras veces, las fuertes luces de edificios y hoteles a menudo confunden a las tortuguitas, que se dirigen en dirección a ellas y nunca llegan al mar.
- Las tortugas de mar adultas confunden las bolsas de plástico que flotan en el agua con medusas, y mueren si se las comen.
- Muchas tortugas quedan atrapadas en redes de pesca y se ahogan.

¿CUÁNTO MIDEN LAS TORTUGAS?

tortuga laúd

↑ tortuga laúd (96 pulgadas/244 centímetros)

← tortuga blanca (40 pulgadas/102 centímetros)

← tortuga plana kikila (39 pulgadas/99 centímetros)

← tortuga caguama (38 pulgadas/97 centímetros)

← tortuga carey (36 pulgadas/91 centímetros)

← tortuga mulato (27 pulgadas/69 centímetros)

✚ ✖ ━ ✚

¡RESUÉLVELO!

9 ¿Qué tortuga mide aproximadamente un cuarenta por ciento de la longitud de la laúd?

¿Qué tortuga mide tres pies (0.91 metros) de largo?

El asombroso salón de la fama de los animales marinos

EL ANIMAL MÁS GRANDE

La ballena azul es el animal más grande que jamás ha vivido en la Tierra, incluyendo los dinosaurios. La ballena azul puede crecer hasta alcanzar 110 pies de largo y 380,000 libras (172,365 kg) de peso.

EL PEZ MÁS PEQUEÑO

El gobio pigmeo mide aproximadamente $^1/_3$ de pulgada de largo. Este pez, transparente y casi invisible, vive en agua dulce la mayor parte del tiempo, pero va al mar a depositar sus huevos.

ballena azul

¡RESUÉLVELO!

10 Si un elefante pesa aproximadamente 10,000 libras (4,536 kilogramos), ¿cuántos elefantes se necesitan para igualar el peso de una ballena azul?

¿Cuántos gobios pigmeos se necesitan para igualar la longitud de una ballena azul?

EL QUE CRECE MÁS

pez luna

Un pez luna puede crecer hasta alcanzar, de adulto, unas 500 veces el tamaño de su nacimiento y un peso de 3,000 libras (1,361 kilogramos).

EL QUE NADA MÁS LENTAMENTE

caballito de mar

Los caballitos de mar son los peces que nadan más lentamente, aproximadamente a $^1/_{10}$ de milla ($^1/_{16}$ de kilómetro) por hora. Estos extraños peces a menudo enroscan sus colas en las plantas acuáticas para evitar ser arrastrados por las corrientes.

¡RESUÉLVELO!

11 Si al nacer hubieras pesado 8 libras (4 kilogramos) y hubieras crecido al mismo ritmo que un pez luna, ¿cuánto pesarías de adulto?

Sabiendo que en una milla hay 5,280 pies, ¿cuánto tardaría un caballito de mar en recorrer un pie?

25

LOS PECES MÁS VELOCES

Pez		Velocidad
pez vela		**68 millas por hora** (109 kilómetros por hora)
marlin		**50 millas por hora** (80 kilómetros por hora)
atún rojo		**46 millas por hora** (74 kilómetros por hora)
atún albacora		**44 millas por hora** (71 kilómetros por hora)
tiburón azul		**43 millas por hora** (69 kilómetros por hora)

EL FANTÁSTICO VOLADOR

El pez volador tiene largas aletas que le permiten mantenerse en el aire durante 20 segundos.

En el agua, estos peces alcanzan una velocidad máxima de sólo 23 millas (37 kilómetros) por hora. Pero, una vez en el aire, ¡pueden volar a 35 millas (56 kilómetros) por hora!

pez volador

¡RESUÉLVELO!

12 Si una milla equivale a 1.6 kilómetros, ¿qué pez nada a 80 kilómetros por hora?

¿Cuánto tardaría un pez volador en recorrer 58 millas (93 kilómetros) nadando? Y si pudiera volar continuamente, ¿en cuánto tiempo volaría la misma distancia?

cachalote

EL BUCEADOR DE PROFUNDIDAD

El cachalote puede bucear a más profundidad que cualquier otro mamífero. Vive en la superficie del agua, pero puede zambullirse hasta más de una milla (1.6 kilómetros) de profundidad.

EL CAZADOR MÁS TEMIBLE

El tiburón tigre caza antes de nacer. Normalmente, hay de diez a quince embriones en el vientre de la madre. A medida que los embriones se van desarrollando se comen unos a otros hasta que sólo quedan dos.

tiburón tigre

¡AY! TENTÁCULOS QUE DAN MIEDO

La avispa de mar australiana tiene la picadura más dolorosa de todas. ¡Y los tentáculos de esta medusa pueden alcanzar los 120 pies (37 metros) de longitud!

avispa de mar australiana

¡RESUÉLVELO!

13 Si había 10 embriones de tiburón tigre y sólo sobrevivieron 2, ¿qué porcentaje puede sobrevivir?

¿Qué animal vive aproximadamente tres veces más que el león marino?

Si el promedio de vida de una mujer en los Estados Unidos es de 80 años, ¿cuántos años más vive una almeja que una mujer?

PROMEDIO DE LONGEVIDAD

Animal		Longevidad
almeja mercenaria		200 años
orca		90 años
anémona de mar		80 años
tiburón ballena		60 años
ballena azul		45 años
león marino		30 años
estrella de mar		15 años

¡Resuélvelo! Respuestas

1 Página 6
7.62 centímetros;
el 1 de marzo

2 Página 7
la zona de medianoche

3 Página 11
500 dientes; 175 libras (79 kg);
49 pies y 6 pulgadas
(594 pulgadas); 1,100 libras

4 Página 13
80,000 millas (128,748 km);
25 pies (7.62 metros)

5 Página 15
la ballena gris;
la ballena franca y la ballena
jorobada; 600 ballenas

6 Página 16
3 estrellas de mar, 6 calamares
y 9 cangrejos

7 Página 18
5 horas

8 Página 21
10%

9 Página 23
la tortuga caguama;
la tortuga carey

10 Página 24
38 elefantes;
3,960 gobios pigmeos

11 Página 25
4,000 libras (1814 kilogramos);
unos 6.8 segundos

12 Página 27
el pez aguja; unas 2.5 horas;
un poco más de una hora y media

13 Página 28
20%; la orca; 120 años

Glosario

bioluminiscencia	luz que emiten algunos seres vivos
de sangre caliente	característica de los animales cuya temperatura del cuerpo se mantiene siempre aproximadamente igual
de sangre fría	característica de los animales cuya temperatura del cuerpo cambia según la temperatura del ambiente
depredadores	animales que se alimentan de otros animales
invertebrados	animales que no tienen columna vertebral
mamíferos	animales de sangre caliente que tienen pelo en el cuerpo, dan a luz a crías vivas, alimentan a sus crías con leche de la hembra y respiran a través de pulmones
pez	animal marino que respira a través de agallas, pone huevos y por lo general tiene el cuerpo cubierto de escamas
plancton	plantas y animales microscópicos que flotan en el mar
propulsión a chorro	movimiento de un objeto causado al expulsar agua a presión en sentido contrario
reptiles	animales de sangre fría que ponen huevos y tienen columna vertebral
tentáculos	partes delgadas y flexibles de los pulpos y las medusas
zona crepuscular	la parte de profundidad intermedia del océano
zona de luz solar	la parte superior del océano, donde vive la mayoría de los animales marinos
zona de medianoche	la parte más profunda del océano

Índice